现代乐活居家

名家室内设计案例鉴赏

幸福空间有限公司　编著

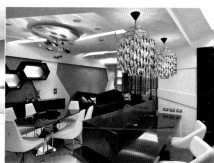

清华大学出版社

北 京

内 容 简 介

  本书精选了我国台湾地区30多位知名设计师颇受赞誉的家装设计案例，针对每个案例都进行了图文并茂的讲解，包括房主期待、设计重点、材质运用、装饰布置和个案的因地制宜等。从这些风格迥异的案例中，不仅能感受到现代空间设计的美学及巧思，了解到当前室内设计的发展动向与潮流，而且通过一个个真实案例的借鉴，助您在家装设计领域更上一层楼，打造出更宜居与满意的幸福空间。

  本书提供的DVD多媒体光盘由幸福空间有限公司特约一线设计师录制，与书配套使用。

  本书可作为家装设计师、施工人员和个人家装需求者学习参考，也适合建筑与空间设计专业的学生作为设计与技能培训的参考书。

图书在版编目（CIP）数据

现代乐活居家：名家室内设计案例鉴赏/幸福空间有限公司编著. –北京：清华大学出版社，2013
（幸福空间设计师丛书）
ISBN 978-7-302-31913-9

I. ①现… II. ①幸… III. ①住宅－室内装饰设计 IV. ①TU241

中国版本图书馆CIP数据核字（2013）第074783号

责任编辑：王金柱
封面设计：王 翔
责任校对：闫秀华
责任印制：刘海龙

出版发行：清华大学出版社
    网　　址：http://www.tup.com.cn，http://www.wqbook.com
    地　　址：北京清华大学学研大厦A座　　　　　　邮　　编：100084
    社 总 机：010-62770175　　　　　　　　　　　邮　　购：010-62786544
    投稿与读者服务：010-62776969，c-service@tup.tsinghua.edu.cn
    质量反馈：010-62772015，zhiliang@tup.tsinghua.edu.cn
印 刷 者：北京天颖印刷有限公司
经　　销：全国新华书店
开　　本：180mm×210mm　　　印　张：6.5　　　字　数：187千字
    附光盘1张
版　　次：2013年6月第1版　　　　　　　　　　印　次：2013年6月第1次印刷
印　　数：1~5000
定　　价：39.00元

产品编号：049850-01

现代乐活居家

名家室内设计案例鉴赏

Contents

主色调是房主喜欢的淡蓝色与纯白的汇合，营造出居住环境的舒适感。

春雨时尚空间设计 设计师 周建志

色彩语汇施展纾压魔力

将居住空间收纳于简约的设计线条中，让生活视野归于宁静简单，春雨设计再施以色彩魔法，以浅蓝、嫩绿、芥末黄构筑休闲纾压环境。

位置： 台北市
面积： 116m²
风格： 现代简约
格局： 玄关、客厅、餐厅、吧台、厨房、3+1房、储藏室

Case 1
房主期待

　　个性豪爽的女主人，不喜欢过于女性化的设计，更钟情于能给人一种减压、放松感的淡蓝色。房主明确传达给春雨时尚空间设计信息，心中的家是一个现代简约中带有减压特质的淡蓝色空间，期望能营造出回家后，就不想离开的舒适环境。

设计重点与特色

◎ 玄关彻底利用开发商原来设定的门后深度，加大鞋柜，以便能收纳双层鞋子的数量。
◎ 善用畸零空间，增加一间储藏室、端景柜，满足房主对收纳的需求。
◎ 书房除了由系列柜结合木工打造的庞大书柜，还包含书桌、上掀式矮柜，都隐藏了超实用的收纳空间。
◎ 因为房主平时有喝红酒的习惯，特别为其单独设计了红酒柜、高脚杯架等餐柜功能。
◎ 拆除不必要的隔断墙，如将厨房、餐厅之间改成小吧台，兼具区域划分功能与实用性。

1.电视墙：全面以纯净的蓝色调展现，搭配纯白色的蝴蝶造型时钟，使空间主基调更贴近房主喜欢的减压感。

2.开阔设计：改变原来封闭的隔断设计，将书房设计为开放式，以达到开阔性。

3.书柜：庞大的书柜，以及书桌、上掀式矮柜，都隐藏了超实用的收纳空间。

4.书房：设计师特别设计了加长的厚实书桌，满足房主二人可能会使用到4台计算机的需求。

5.纾压空间：淡蓝色与白色组成的北欧印象，经过吊灯、饰品的妆点，成为现代中带有纾压特质的居家风格。

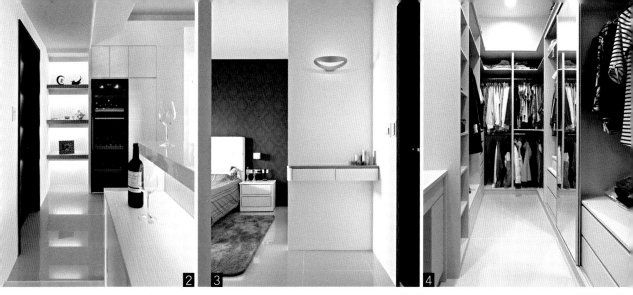

1.餐厅：白色烤漆吊灯非常符合居家风格，增添现代设计感。
2.吧台：拆除不必要的隔断墙，如将厨房、餐厅之间改成小吧台，同时针对房主喝红酒的习惯，特别增加了红酒柜、高脚杯架等餐柜功能。
3&4.更衣室：格局经过细微的调整，不但增加了更衣室的容量，外部也多了一个展示与置物的抽屉。
5.主卧室：房主期待睡眠空间要更干净、简单，所以选择深蓝色壁纸来布置主卧室。

1

位置：台北市
面积：132m²
风格：北欧休闲风
格局：4室2厅
材质：钢烤、木作、涂漆

2

Case 2

房主期待

　　工作压力巨大的房主希望回到家中可卸下所有的疲惫，完全得到放松和休息，"充完电"后再迎接工作上的挑战，因此期待能营造一个减压放松、温暖质感的居家环境。

设计重点与特色

　　调整出合适的生活格局后，以温暖亮眼的颜色与木作材质渲染空间的温润质感，再融入休闲风格的家具以营造自然减压的公共空间。柜体的锐利切角修饰出圆弧的自然线条，与整体的空间设计相呼应，也保护了小孩与长辈的安全。考虑到房主中长辈的安全，在空间转换处，细心地将地面进行了高难度的全平面无接缝处理，使行进时不会因高低差而发生意外。最后以不同色调的LED照明变化空间氛围。

1.立体墙面：凹凸面的墙面设计，增加了电视墙面的丰富度。2.鞋柜：轻盈的嫩绿色墙面与上吊柜设计，营造出活力、轻松的进门空间。3.客厅：以温暖亮眼的颜色与木作材质渲染空间的温润质感，再融入具备休闲风格的家具营造自然减压的公共空间。4.餐厅：鹅黄色墙面烘托出餐厅的温暖氛围。5.主卧室：保留窗边的日光美景，规划出一方写意的放松空间。6.圆弧线条：柜体的锐利切角修饰出圆弧的自然线条，与整体空间设计相呼应，也保护了小孩与长辈的安全。7.阳台：以温暖亮眼的颜色与木作的材质渲染空间的温润质感。8.男孩房：设计师以九大行星为概念，手绘出男孩房的小宇宙。

Case 3

房主期待

　　由于客厅光线不够，以致其他功能空间也更显昏暗，除保留大面的对外窗，局部则打通客厅沙发背景墙引入书房光源，让光线在两个区域之间流通，也使后方以浅白色为主调的餐厅区域更整洁、明亮。

设计重点与特色

　　打通后的格局解决了光线不足的问题，而原开放式设计的餐厨空间为了阻挡油烟溢散，以穿透性的玻璃作为拉门隔断，自由流动的光游走在公共空间，满足房主期待的明亮居家，也完美放大了空间。

　　除了空间的明亮采光，充足的收纳功能也是房主另一个主要设计要求，设计师巧妙利用材质的不同色调将收纳柜融入空间设计中，塑造完整的立面线条。书房局部则架高木地板，不仅可以收纳钢琴，架高的部分也可放置不常使用的物品。从立面到平面，将收纳功能发挥到极致。

　　引光入室、收纳生活，以日光开始一个家的阳光生活。

位置：台北市
面积：119m²
风格：现代简约
格局：4室2厅3卫
材质：大理石（雪白银
狐）、栓木木皮、
秋香木皮、喷砂玻
璃、系列柜

1.充足光照：拥有充足光
照的居家空间，是春雨设
计接下本案后的首要挑
战。
2.玄关：设计师特别调整餐
桌尺寸及玄关收纳柜的尺
寸，使进门动线变得顺畅。
3.日光生活：引光入室、收
纳生活，以日光开始一个家
的阳光生活。
4.引光设计：局部打通客
厅沙发背景墙引入书房光
源，让光线在两个区域之
间流通。

1.双面引光：善用来自客厅与后阳台的光照，营造用餐时的温馨氛围。

2.餐厅至客厅：自由流动的光线游走在公共空间，满足房主期待的明亮居家，也完美放大了空间。

3.餐厨区：原开放式设计的餐厨空间为了阻挡油烟溢散，改以穿透性的玻璃作为拉门隔断。

4.书房：架高书房局部木地板，不仅可以收纳钢琴，架高的部分还可放置不常使用的物品。

5.主卧室：巧妙利用材质的不同色调，将收纳柜融入空间设计中，塑造完整的立面线条。

6.儿童房：深浅对比的衣柜色块对应多彩波普风寝具，以色彩妆点儿童房活泼感。

挥洒华丽笔触　刻画动人美宅

细腻的手法、华丽的笔触，融合迥异素材，让家不只是遮风避雨的场所，更是每个人心中的华丽小豪宅。

Case 1

位置： 台北土城
面积： 79 m²
风格： 华丽古典
格局： 客厅、餐厅、厨房、书房（客）、主卧室、更衣室、卫浴×2
材质： 黑云石大理石、米黄大理石、钢琴烤漆、海岛型木地板、壁纸、玻璃、抛光石英砖、墨镜、线板

房主期待

　　夫妻二人希望以华丽古典开启新婚生活的浪漫篇章，设计方向以二人生活需求为主，并希望具备完善的收纳空间。

设计重点与特色

　　多功能使用的玻璃房间内，以花卉编排出几何线条的黑白色壁纸进行装饰，透明的隔断墙设计，让进入客厅的视线直接落于后方书房内的端景墙上，也放大了客厅的视觉空间。推开廊道端底门进入主卧室，由线板与黑镜塑造的圆形波普端景电视柜映入眼帘，古典线条的床框与床边桌，在蕾丝寝饰的搭衬下，巧妙地将古典与波普融合于同一空间中。

　　以白色为基调的卧眠空间拥有强大的收纳功能，电视墙两侧对称的波普墙面后方一个是主卫浴空间，另一个是视听器材的收纳空间，向旁边延伸的白色墙面皆为隐藏的收纳设计，甚至以明镜与木作墙面搭构的衣物间也同样拥有强大的收纳功能。为了完整呈现3m挑高的纵深感，设计师将客厅的空调设计在玄关造型天花板中，主卧室的空调则规划在多功能书房的天花板中，将空调设备隐藏设计于次空间的天花板中，保留主空间的完整立面高度，也更拉高了室内空间。

1

1.餐厅主墙：线条优美的金色孔雀跃然立在餐厅主墙面上，成为开放式餐厅的空间主景。

2.多功能使用空间：多功能使用的玻璃房间内，以花卉编排出几何线条的黑白色壁纸进行装饰，与餐厅的几何线条墙面呼应。

3.主卧室：以线板与黑镜塑造的圆形波普端景电视柜，加上古典线条的床框与床边桌，在蕾丝寝饰的搭衬下，巧妙地将古典与波普融合于同一空间中。

4.波普风电视柜：电视墙两侧对称的波普墙面后方一个为主卫浴空间，另一个则是视听器材的收纳空间。

5.衣物收纳间：延伸的白色墙面皆为隐藏的收纳设计，就连明镜与木作墙面搭构的衣物间也同样拥有强大的收纳功能。

2

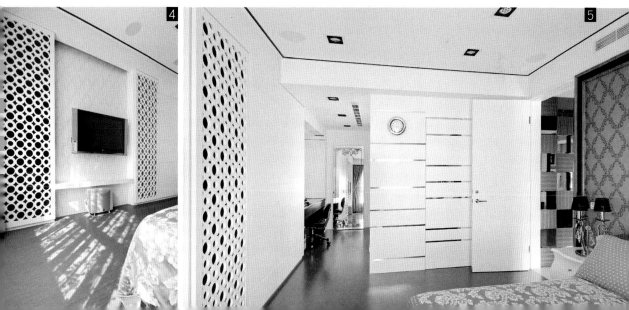

Case 2

房主期待

　　时常出国的房主，希望居家风格明朗且精致，以精品旅店为设计出发点，66m²的空间中，不但依照标准格局规划出实用的3室2厅与足量的收纳空间，美式新古典的风格定位，融入设计师"轻奢华"的细腻手法，平衡于古典与华丽之间，打造犹如小豪宅般的质感。

位置：台北
面积：66m²
风格：美式古典
格局：客厅、吧台、厨房、主卧室、儿童房、书房
材质：喷漆、水钻、皮革、茶镜、绒布

设计重点与特色

　　抽离古典的繁复线条，留下美式的简约优雅，亮丽的宝蓝色在白色世界里犹如画龙点睛之笔，赋予空间雍容华贵的个性。由于居住人口简单，拆除餐厨区的水泥墙，将大餐桌改以时尚吧台，并增加电器与储物柜，与抢眼的精致吊灯保持在一个空间，挑选符合整体风格的家电，延续一股白色时尚风潮。

　　设计师强调，新房子尽可能减少多余的浪费，以这样的环保概念同样也可以美化空间，如通往私人领域的门，几乎看不出是原来所设计的单调造型，经过木工改造，延伸贯穿空间的古典线条，加上白色喷漆，轻而易举融入设计风格。

1.客厅：以"轻奢华"的细腻手法，平衡于古典与华丽元素之间，打造犹如小豪宅般的质感。
2.厨房望向客厅：用餐吧台挑选一盏简单而精致的吊灯，保持一个空间一大亮点的原则，也挑选符合整体风格的家电，延续一股白色时尚风潮。
3.沙发背景墙：以古典线条贯穿空间，沙发背景墙拉宽了线条的间距，放大视觉面。
4.客厅望向吧台：由于居住人口简单，拆除餐厨区的水泥墙，将大餐桌改为时尚吧台。
5.书房：以斜坡、皮革连接卧榻与桌面，活泼的设计方式让书房空间轻松不严肃。
6&7.主卧室：主卧床头厚实的皮革绷布、线框，充分展现国外精品旅店的质感。

三商美福士林门市 设计师 蔡佳颐 Joey Tsai

柚色飘香 幸福温馨家

制式僵化是对系列柜的既定印象，三商美福结合木作、系列柜与卓越的室内设计技巧，扭转传统的刻板印象，打造出每个人心中理想的温馨幸福家。

位置：新北市·新店区
面积：116m²
风格：乡村风
格局：4室2厅2卫
材质：木作、系列柜

房主期待

　　十多年的房龄还称不上是旧房，却因为家庭成员的增加，生活对象也随着小朋友的成长而逐渐累积，原有的格局规划无法满足现在的生活需求，房主经过多方资料收集，从设计师的博客上找到想要的设计方向，希望能在保留原功能区域的前提下，依照现在的生活习惯，打造干净、简约的温馨住家。

设计重点与特色

　　在设计之初，房主就提到希望能以柚木为家具的主要材质，设计师即以此色系定调空间色彩。从玄关步入室内，以格栅及异材质地面规划出可落尘的玄关意象，塑造开放空间中的内外区域。而客厅不仅是家人最常聚集的地方，也是小朋友读书学习的地方，设计师特别在临窗区架高地面，沿墙规划书桌，不仅采光明亮，家长也可兼顾小朋友的功课。

　　从大门到厨房之间保留原来储物间的设计，利用乡村风元素的橱柜及门，将储物间融入展示收纳柜的设计中，隐藏式的设计手法塑造立面的完整性，也呼应了整体空间的设计主格调。同样的大容量收纳功能规划在架高书桌区的梁下位置，不仅完整收纳大量读物，也以意象概念划分出阅读区与客厅两个空间的独立性。

1

2

1.主卧室：不成套的家具与冷白的色调，让主卧室阴暗拥挤，配备全新的家具并施以水蓝漆面后，焕然一新的主卧室，明亮温馨。

2.书房：原先书房兼储物间的房间里堆满了杂物，设计师将书桌位置转向采光面，并沿墙规划了拥有大量藏书的柜体，专属男主人的书房变得干净清爽。

3.女孩房：长方形的空间以上下铺规划，让两个小公主能拥有独立的卧眠空间及书桌，而设计师也善用阶梯等畸零空间设计放置娃娃等玩具柜空间，每一个小床铺都是一个独立的梦幻小城堡。

4.男孩房：设计师利用梁下空间，沿窗规划出小主人梦寐以求的书桌，还有完整的书柜与衣柜空间，而悬在床头墙面的烤漆玻璃可让小男孩天马行空的涂鸦与书写。

彩绘记忆的空间盒子

设计应具有多重的向度，不只是一个生活的空间，也是一个承载记忆与故事的容器。

位置： 台北市延平北路
面积： 132m²
风格： 自然人文
格局： 玄关、客厅、餐厅、厨房、主卧室、儿童房×2、卫浴×2
材质： 秋香木、文化石、烟熏橡木地板、雪白银狐石材、不锈钢件

　　原本难用的4室空间，不协调的格局配置，经过设计师大刀阔斧的调整，打通封闭的书房与厨房，回避两间儿童房内的棱角，并将公共领域放大、凝聚生活中心点，使房主一家人的生活动线变得流畅。

　　设计前对曾经留美房主生活习惯的了解，是个案设计的第一步。从事平面与动画创作的年轻夫妻，作画及拍照是他们记录生活点滴的重要工具，进入玄关，端景镜面藏着餐柜、鞋柜与展示柜的三向运用，让空间自然借景、视觉流窜是镜面材质选择与悬浮性设计的概念依归。玄关的创造除了区域划分外，也满足了储物间在空间中的存在。进入公共领域的主要区块，四宫格大量切割的窗面，设计师以窗帘盒线条利落收齐，以大化小表现出画框成景的意境，客厅处最大尺度的天花板预留让间接光源自然攀行、由上而下顺势进入电视主墙平台；侧向卧榻柜的视觉延伸，在镜面穿透中进入书房，通过高低变化做出收纳柜，书柜墙的景深设计，将书本摆放、记忆层叠错置出了空间色彩。

　　橡木地面与布纹砖的变化，将区域切换到餐厨区，考虑到家中有小孩，设计师选以荷兰环保漆为材质，低粉尘与湿布清洁特性细心照顾了小朋友的使用安全；随着门的自由推移来到烟熏橡木地面处理的主卧空间，床尾处拉门即开门的结合巧妙收住电视滞碍，更衣室及卫浴的同一动线设计，带出生活的行进方向，而卫浴内银灰石的现代感混搭上白色马赛克的绝对棱角，完美细腻由此而生。

　　精致与粗犷的并存，配以多元化层次，让空间变得有规矩可循，却又不失人性化的精彩。

客厅处最大尺度的天花板预留，让间接光源自然攀行、由上而下顺势进入电视主墙平台。公共领域书柜墙的景深设计将书本摆放、记忆层叠错置出了空间色彩。玄关与餐厅端景镜面藏着餐柜、鞋柜与展示柜的三向运用，让空间自然借景、视觉流窜，是镜面材质选择与悬浮性设计的概念依归。餐厅橡木地面与布纹砖的变化，自然转到餐厨区域。

1.2.3.主卧室：来到烟熏橡木地面处理的主卧空间，床尾处拉门即开门的结合巧妙收住电视滞碍。

4.儿童房：对原来客卫格局的调整，消弭了儿童房内畸零的存在。

5.客卫：狭小的卫浴空间，通过L形镜面转折而放大视觉空间。

空间大风吹 温馨雅致生活

讲究环境学与心理学的大琚设计认为，空间是人停滞的地方，唯有安定的生活空间才能让人住得安稳。

房主期待

本案已有15年的房龄，原本仿日式的木作设计，却感觉住起来很冰冷，房主希望借助设计师之手打造出温馨、简洁、舒适的生活居所。另外，从事教职的房主喜欢阅读，家里的物品非常多，需要功能强大的收纳空间，也希望保留原来的家具。

设计重点与特色

仅保留原有客厅主墙、沙发背景墙及主卧室的墙面，悉数拆除15年老房的原有格局，从基础工程重新施作，并以餐厅为空间轴心，将右边原来的主卧室改成女孩房、书房及客卫，左边则将两间儿童房及客卫改成主卧室及儿童房，从玄关进入室内区域，T字形的格局营造动线流畅、光照明亮的生活敞居。

房主的大量物品，除了在书房规划大型展示书柜收纳外，设计师也善用廊道等畸零空间，在书房旁及主卧室出口规划两处大型储藏室，并巧妙运用古典的线板线条将门隐藏于柜体设计中，化功能空间于无形。而原来的旧家具则以全新的椅垫、抱枕等软件，营造出房主向往的居家生活的温馨氛围。

位置： 新北市·新庄
面积： 106m²
风格： 轻古典现代风
格局： 玄关、客厅、餐厅、厨房、书房、主卧室、女孩房×2、卫浴×2
材质： 烤漆、壁纸、木地板、石材、系列柜

1.T字动线：从玄关进入室内区域，T字形的格局营造动线流畅、光照明亮的生活敞居。
2.书房：开放的书房空间是全家人共享的上网区。
3.阅读区：流畅的动线可让房主在阅读时，也能同时督促在女孩房及书房的两个女儿读书学习。
4.餐厅：设计师悉数拆除15年老屋旧的格局，从基础工程重新施作，并以餐厅为空间轴心开始设计。

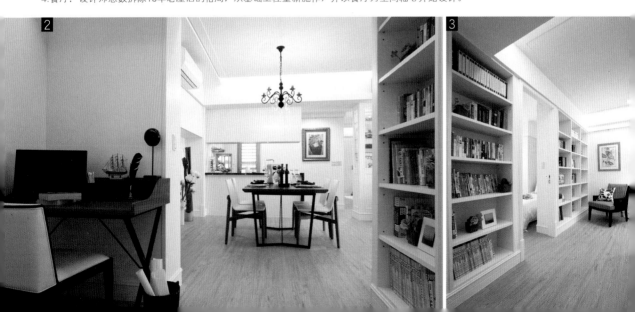

1.主卧室：化妆台与工作台的结合设计，简约线条塑造主卧室的素雅与沉稳。
2.储藏室：设计师善用廊道等畸零空间在书房旁及主卧室出口处规划两间大型储藏室，并巧妙运用古典的线板线条将门藏于柜体中。
3&4.卫浴：小空间依旧有方便收纳整理的干湿分离设计。
5.大女儿房：浪漫的窗帘及抱枕营造出蓝色空间的清新氛围。
6.小女儿房：与原主卧室调换过的空间设计，使房主更方便照看全家。

撷取时尚因子 构筑宁静空间

子境设计古振宏设计师运用现代简约元素，为年轻房主开创全新的生活样貌。

房主期待

年轻的房主夫妻向往纽约曼哈顿的时尚与前卫，设计师善用各种材质及色彩搭配，营造出自由不受拘束的格局及动线，并褪去都市繁忙紧张的节奏，化作淡淡休闲的氛围，让明亮开放式的公共领域，在不拖泥带水的利落铺陈手法下，展露出迷人的静谧情景。

设计重点与特色

设计师挑选白色风化石妆点客厅沙发背景墙，让粗犷原始的质感为整体纽约现代风格定下完美批注；贵州木纹的中高柜，厚实沉稳的柜体巧妙划分客厅及书房区域。开放式的书房以半高墙客厅相隔，视线不受阻挡，空间更显通透。

全室无门框的设计让每个平面都保持整体美感，以黑皮漆装饰餐厅主墙，随兴的涂鸦或是当作备忘留言板都很适合；厨房上方以喷砂梧桐木包覆结构大梁虚化其存在感，白色天花板的布局为空间增添活泼因子。吧台台面选择坚硬度高的赛丽石，可直接当砧板使用。主卧室弧型的壁面在砌砖时就已经开始下功夫，转角的收边及细节看出细腻的工法。

位置：台中市
面积：132 m²
风格：现代简约
格局：客厅、餐厅、主卧室、书房、厨房、儿童房、卫浴×2
材质：风化石、栓木木皮木作、白色钢烤、黑色烤漆、黑板漆、金属砖、胡桃木、赛丽石

1.简约立面：无门框设计也让每个平面保持整体美感，简单利落。

2.餐厅：餐厅主墙选择黑板漆为材质，随兴的涂鸦或是当作备忘留言板都很适合，中段选用扁铁勾勒出台面，利落又有型。

3.厨房：以喷砂梧桐木包覆的结构大梁虚化了其存在感，白色天花板的布局也为空间增添活泼因子。吧台台面选择坚硬度高的赛丽石，可直接当砧板使用。

4.主卫浴：双洗手台下方搭构起白色烤漆的木作柜，凹槽可放毛巾和衣物，从细节方面就可以发现设计师的贴心。

5.主卧室：弧型的壁面在砌砖时就已经开始下功夫，可从转角的收边及细节看出细腻的工法。

6.客房：利用腰板拉宽视觉，斜向天花板造型化解压梁的风水忌讳，简约手法还原无压空间感。

7.游戏室：预留给孩子的游戏间，以栓木黑色烤漆为材质打造空间功能，一体成型。

天涵空间设计有限公司 设计总监 杨书林

低调奢华 打造全方位空间

沉稳氛围中注入低调奢华的设计因子，天涵设计从居住者的需求角度延伸，定义独一无二的设计概念，公共区域营造通透明亮的大视野，私人区域满足姊妹俩的喜好，打造符合每位家庭成员的需要。

房主期待

　　房主喜欢沉稳且低调奢华的居家风格，对生活质量有一定要求，特别注重空间感的营造，以及流畅舒适的采光与通风。

设计重点与特色

　　首先展开的是对公共区域的开阔性设计，开放式连贯客厅、餐厅，引导采光明亮一室，并大范围采用秋香木包覆立面，稳定风格铺陈的节奏。客厅主墙搭配以云彩灰大理石提升空间质感，颜色的对应上，居家软件尝试使用时尚亮白及亮丽的紫色增添华丽风采，比例精准的材质与配色，使现代风格的居家释放出低调奢华的气氛。

　　餐桌同时是家庭主人的工作区，完善的功能规划相对很重要，大型玻璃柜给予主人自行装饰餐厅主题的弹性，下方皆为实用的收纳空间，并配有四人使用的餐桌，宽敞的面积可供房主利用，功能性十足。两姊妹对卧室有不同的期待，设计师投其所好，为喜欢梦幻、浪漫气氛的姐姐，布置了熏衣草紫的唯美卧室；而喜欢现代摩登感的妹妹，则选择浮雕简约的树状造型，增加年轻人偏爱的设计感。

位置：台北市
面积：132m²
风格：低调奢华
格局：玄关、客厅、餐
　　　厅、开放式厨
　　　房、吧台、主卧
　　　室、主卫、姐姐
　　　房、妹妹房、更
　　　衣室、客卫、工
　　　作阳台

1.客厅：房主夫妻喜欢沉稳且低调奢华的居家风格，因此挑选秋香洗白木皮染色，并以镜面点缀。
2.电视墙：电视墙搭配云彩灰大理石提升质感。
3.餐厅：四人用的餐桌也是主人的工作区，具备充足的收纳空间及功能性。

4. 姐姐房：以圆弧概念设计展示玄关，并以薰衣草紫的唯美想象，为空间带来浪漫风情。
5. 妹妹房：正在美国留学的妹妹，思想摩登，喜爱现代风格，因此卧室以白色与年轻的设计感为主。
6. 主卧室：主卧室床头为菱格造型，为白色基调的空间注入华丽感。

王俊宏室内装修设计 设计师 王俊宏 陈睿达

人文自然 洞悉现代前卫

以人为出发点寻找一种能诉说特质的元素，让其在空间里
自然诉说、表现，是王俊宏沁入人心的设计力度表现。

位置：林口
面积：198m²
风格：人文自然
格局：玄关、客厅、餐厅、厨房、书房、
      主卧室、更衣室、储藏室、卫浴×2
材质：风化木、铁件、喷漆、玻璃、超耐
      磨木地板

房主期待

摒弃个人主义，依照房主现阶段需求，打造两人的全新世界，欲在亲密中保留隐私，开放与封闭的弹性便是整体的主轴。

设计重点与特色

走进自然与前卫的交错，便是玩味这份作品的起始，温润厚实的木皮肌理沉淀心灵，纵横交错中又有铁件的刚硬，裸材与人工的冲突，激荡起不同层次的人文精神。不同于木纹的表现，客厅电视主墙选以铁件刻画，横向的线条载入机柜中，直向的指引穿透为墙，对应玄关机柜的悬浮前卫，结构性处理，营造视觉上意想不到的感受。

书房以大面拉折门为主，是设计师贴心为未来需持续进修的房主所设计的区域，而相同的概念也延续到私人领域，主卧室内睡眠区与卫浴、更衣间也是依此划分，不仅节约了夏日空调，也让空间更富有变化。在现代感中寻求一份稳定，以实木定做的大型餐桌成为公共区域的焦点，以铁架支撑突显其厚实的重量感，延伸到厨房，流明的天花板配以高亮度的照明，打造现代利落感。

1.餐厅望向玄关：电视下方以实心大理石打造的低度台，可减少喇叭播放时所引起的声波震动。
2.餐厅望向客厅：厚实温润的木皮肌理沉淀心灵，纵横交错中又有铁件的刚硬，裸材与人工的冲突，激荡起不同层次的人文精神。
3.餐厅：在现代感中寻求一份稳定，以实木定做的大型餐桌成为公共领域的焦点，以铁架支撑突显其厚实的重量感，延伸到厨房，流明的天花板配以高亮度的照明，打造现代利落感。

4.主卧一角：选用木纹肌理为材质温暖睡眠空间视觉，也收住柜体的存在感。
5.主卧卫浴：除了门外透过地面的变化，巧妙点出沐浴区的独立性。
6.主卧盥洗区：打破更衣室与卫浴门分割的想象，以双洗手台的尺度过道，镜面与木皮垂直而下的段落，让行进充满趣味性。
7.主卧室：主卧室内睡眠区与卫浴、更衣间依门划分，不仅节约了夏日空调，也让空间更富有变化。

用现代手法诠释轻柔新古典

公共领域中利用木纹诠释休闲人文的温润气息，私人领域运用轻线板勾勒出典雅的线条，搭配浪漫的水晶吊灯及反射材质的妆点，明亮通透的自然天光连接全室，营造出清爽舒适的居家环境。

房主期待

瓦悦设计胡来顺设计师同时满足男主人喜爱的现代风和女主人向往的古典风，以现代手法将古典元素巧妙融合在居家空间中，跳脱纯粹单一的设计风格，让同一个居家空间中同时拥有两种风格特色，丰富家庭成员对生活的向往。

设计重点与特色

电视主墙选以枫木皮做大面的装饰，保留可开窗的功能，一路延伸到和室空间，拉大了视觉空间感。沙发背景墙则以喷漆白木作和枫木木皮以不同宽度尺寸排列，展现活泼的律动感，刻意避开梁不置顶减少压迫感，再以展示柜作出收边，展现协调完美的空间比例。

架高30cm的和室下方都设计为收纳空间，横推的门可收在同一边，全面敞开更显大气。和室书房前的窗也可开启或关闭，上方通透的展示柜可借助清玻璃纳入明亮的光线，使壁面变得更加立体有型。

餐厅采用大面镜，可反射窗外绿意景致，从卫浴墙面喷砂玻璃透出的光线增添趣味，柜子上方与女孩房也设计为连接门，让位于房屋中心点没有对外窗的女孩房，也能保持空间流通和自然采光。

位置：桃园
面积：116m²
风格：现代简约
格局：客厅、餐厅、厨房、主卧室、更衣室、女孩房、卫浴×2
材质：轻线板、枫木皮、清玻璃、明镜、喷砂玻璃、柚木皮、柚木

1.客厅：架高30cm的和室下方都设计为收纳空间，横推的门可收在同一边，全面敞开更显大气。

2.绿意窗景：拉大的窗景，在开放的餐厨空间开始一天的日光生活。

3.餐厅：柜子上方与女孩房设计为连接门，可开启，让位于房屋中心点没有对外窗的女孩房，也能保持空间流通和自然采光。

4.卫浴：简约的设计线条以光影变化增添空间层次感。

5.主卧床头：柚木在灯光的衬托下，营造出静谧温馨的休憩氛围。

6.活动门：除了更衣室外，在电视墙后方仍有收纳衣物的空间。

7.女孩房：以线板拉出完美比例，粉红色赋予女孩梦幻的睡眠天地。

层峰眼界 体现不凡生活品味

当个人事业及人生观进入层峰阶段，居住的品质要求和鉴赏品味都相对的更为讲究，禾聚设计汇集时尚及人文的点滴，打造细致且低调奢华的豪宅意象。

位置： 台中市七期
面积： 165m²
风格： 低调奢华
格局： 玄关、客厅、餐厅、钢琴房、展示区、厨房、主卧室、卫浴×2
材质： 黑金锋大理石、新米黄大理石、帝诺大理石、黑檀木木、橄榄石、灰镜、不锈钢、壁纸

房主期待

除了住家外，另设一处个人招待所，将自己收藏的古董名品专属展示，且可以和亲朋好友在此欢聚，是房主对此案的想法及定义。

设计重点与特色

玄关地面采用黑金锋大理石及新米黄大理石进行拼贴，彰显其贵气，兰花金箔端景墙与大气门拱为进入公共区域留下完美暗喻。客厅以灰网石及银箔，铺陈出豪华气派的大宅风范；灰镜和不锈钢立面镜反射窗外景致，让客厅更显宽阔明亮。设计的半矮式电视墙保持视线通透且与餐厅动线连通，餐厅壁面选以明镜滚边并用仿鳄鱼皮革进行包覆，将收藏的珍贵画作以画中画的形式展示；餐厅吧台及开放式厨房的配置，便于宴客时与宾客之间的互动。

设计师汲取博物馆的展示灵感，展示区两边通透的过道可以从不同角度欣赏古董之美；推开旋转门来到钢琴区，静谧幽雅的环境，轻弹指尖令人陶醉的音符，随风进入每个人的心田。

主卧以沉稳色调为主，缇花绷布床头及对称的水晶吊灯，营造浪漫唯美的休憩氛围。衣柜以大印花图腾诠释鲜活的新古典因子，烤漆的造型延伸到衣柜门，右边为进入卫浴的暗门，巧妙隐藏不破坏整体美感。

1.客厅望向玄关：灰镜和不锈钢立面镜反射出窗外景致，让客厅更显宽阔明亮，两旁对称端景分别可展示房主的珍贵古董。

2.玄关：玄关地面采用黑金锋大理石及新米黄大理石进行拼贴，彰显其贵气，兰花金箔端景墙与大气门拱为进入公共区域留下完美暗喻。

3.电视墙：以帝诺石作半矮墙的规划保持视线通透，与餐厅动线相通。

4.展示区：汲取博物馆的展示灵感，两边通透的过道可以从不同角度欣赏古董之美。

5.餐厅：吧台及开放式厨房的配置，便于宴客时与宾客之间的互动。

6.钢琴区：推开旋转门来到钢琴区，静谧幽雅的环境，轻弹指尖令人陶醉的音符，随风进入每个人的心田。

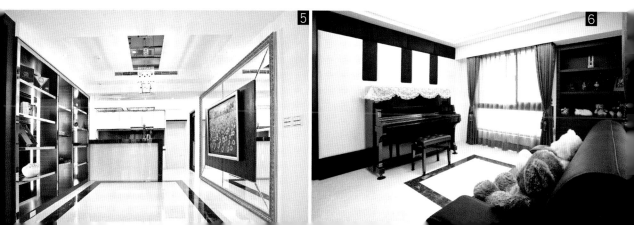

用色彩叙述缤纷的主题故事

红、蓝、黄三原色汇合大千世界的缤纷多彩，每种颜色都各自代表着独立的色彩语言，存果设计以色彩为主体，让色块自叙青春活力的生活表情。

位置： 新竹
面积： 83m²
风格： 现代自然
格局： 开放式客餐厨、书房、洗衣间、双卧房、双卫浴
材质： 自然原橡木、文化石、环保漆、厨具定制烤漆

房屋现况与房主期待

本案是房主新购房，但房主对原有的格局不是很满意，因此希望重新规划客厅与餐厨空间，不仅以芥末黄打造温暖的厨房，还要有独立的书房。

设计重点与特色

因为有了芥末黄厨房的主题设定，给了设计师铺排区域主体的概念。除了以白色文化石、百叶格栅搭配木作地面与家具铺叙自然语汇外，橘红色沙发是进入室内空间后的第一焦点，向左方望去，调整后的格局，让视线可直接从客厅越过餐厅到达厨房。设计师以陶板烤漆特别调出亮眼的芥末黄厨房与客厅的橘红色相呼应，就连厨具设备都绘以相同的芥末黄色系，完全满足房主的期待。特调的色彩美学增亮了公共空间，也浪漫了主卧室的氛围，设计师现场调配出葡萄紫色调，用色彩叙说缤纷的主题故事。

有限的设计面积还有书房空间的需求，拆除客厅沙发墙，改以清玻木作格栅拉门开放划分客厅与书房，不仅让视感延伸书房，在拉门开合之间也为生活增加了更多的弹性。

1

2

3

1.餐厅望向书房：拆除客厅的沙发墙，改以清玻木作格栅拉门开放划分客厅与书房。
2.书房：在拉门开合之间可为生活增添更多的弹性。
3.客厅：抢眼的橘红色沙发是进入室内空间的第一焦点。
4.简约线条：简约的线条设计，低调地衬托出主体色彩的鲜艳度。
5.主卧室：自然简约中一抹强烈的葡萄紫浪漫了空间氛围。
6.特调色彩：设计师现场调配出葡萄紫色调，用色彩叙说缤纷的主题故事。

易向室内设计 设计师 黄瑞楹

精致透亮 量身打造白色奢华

宽敞大宅更重视细节处理，易向设计掌握轻豪宅的设计力度，以古典线板层层框起，收放自如的设计层次，传递出深具质感却不显浮夸的内涵。

设计

165m²的宽阔空间，以豪宅的配置，营造出超过231m²的空间感与气势，硬件综合奢华与新古典的风格，定制专属家饰并融入银箔、黑色钢琴烤漆材质，点缀出空间的精致度。

设计重点与特色

省去玄关空间，开门瞬间放大视野，让豪宅气势表露无遗，少了玄关的遮掩，视线直接落于客厅的奢华摆设。设计师自行绘图，经过雷射雕刻、喷漆的镂空板沙发背景墙演绎新古典的细腻。拆除客厅与书房之间的隔断，以冰裂玻璃与银狐大理石取而代之，上方以间接灯光烘托其晶、透、亮的质感，视觉隐约的穿透延伸，增添朦胧之美。

光影透过书房的镂空拉门，补足用餐区的亮度，水晶吊灯与镜面相互辉映，令人忽略餐厅其实是全无自然光源的空间。室内第二道拆除的墙面是厨房隔断，移动厨房的入口位置，还原过道应有的舒适宽度，并以透光性的夹砂玻璃取代，由厨房与书房两端透入的光线，让用餐区域即使无自然采光也能明亮舒适。

位置：万华
面积：165m²
风格：奢华新古典
格局：客厅、餐厅、书房、主卧室、长辈房、儿童房
材质：茶镜、画框、银狐大理石、黑云石、黑钢琴烤漆家具、白色烤
　　　漆、进口壁布、进口壁纸

1.沙发背景墙：设计师自行绘图，经过雷射雕刻、喷漆的镂空板沙发背景墙演绎古典风的细腻。
2.3.书房拉门：由厨房与书房两端透入的光线，补足餐厅的亮度，使用餐区域即使无自然采光也能明亮舒适。
4.餐厅：餐厅的弧形展示柜隐藏于电信箱，维持新古典居家的整体美感。
5.餐厅：以透光性的夹砂玻璃取代原来的厨房隔断，并移动厨房的入口位置，还原过道应有的舒适宽度。

1.主卧床头：床头造型向上延伸，以柔美典雅的壁布作修饰，两侧则利用梁下空间增加收纳功能。

2.3.书房：因应男主人时常在书房阅读、办公的要求，书柜底端隐藏可通往主卧室的门，方便男主人进出。

4.长辈房：淡雅的绿色中，造型挂镜是唯一的装饰品，以简单的设计概念，让长辈在轻松无压的气氛下休憩。

5.儿童房：由于儿童房的空间不足，化妆台兼具书桌用途，落地式的化妆镜设计，放大了房间的空间感。

4

5

明楼联合设计　明楼设计团队

层次线条　放大生活视野

开放的生活格局除可让光线相互流通之外，也能放大公共空间的穿透感，更可以让在公共空间活动的每个家人关注到彼此的状态，连接家人密切的生活情感。

位置： 新北市三重区
面积： 73m²
风格： 现代简约
格局： 玄关、客厅、餐厅、厨房、书房、主卧室、儿童房、卫浴×2
材质： 风化木木皮、玻璃、烤漆玻璃、比利时超耐磨木地板

房主期待

喜欢现代时尚风格的房主，期待能在73m²的小面积中拥有2+1房、2厅的基本功能格局，且非常重视收纳功能。

设计重点与特色

保留基础的格局架构，拆除一客房墙面，改为玻璃隔断的透明书房；并拆除主卧墙面，利用衣柜作为隔断。打开了生活视野及采用节省空间的施作方法后，设计师在视感及生活区域上规划出更多的使用面积，为完善住家格局奠定基础。为了不压缩生活空间，利用线条分割将收纳隐藏于造型中，并大量使用黑白色系表现现代感，部分空间采用木头为材质，让其温暖质感平衡黑白给人以冰冷的感觉。

在整体空间规划上，运用材质的相互搭配营造空间质感与风格。以粉黄墙面及鹅黄墙面来划分公共与私人领域，不同的黄色调和出同样的温暖氛围。另外，在公共区域的客厅及书房融入黑白几何线条、方块规划，设计出独特的居家风格，且巧妙地将收纳空间融入其中。在转换区域的小廊道中（玄关、走廊），选择有实木质感的风化木配以能放大空间视感的黑色烤玻，借助细节的设计来转换主人回到家的心情。

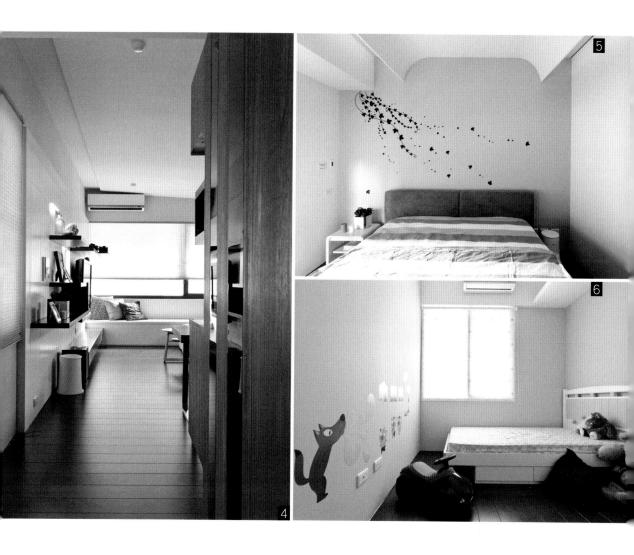

1.客厅：黑白两色勾勒出简约线条体现时尚感，墙面以粉黄色营造出居家温馨感。

2.书房：书房使用木地板架高来区分场景转换，粉黄墙面延续温暖氛围，黑白不规则的线条规划出趣味的层板，收纳柜与电视主墙相呼应。

3.餐厅：黑色小吧台嵌入实木贴皮餐桌，加上不锈钢毛丝面的桌脚，轻化餐桌使桌线条更利落。

4.廊道：设计师在转换区域的小廊道中，选择有实木质感的风化木配以能放大视觉空间的黑色烤玻，借助细节的设计来转换主人回到家的心情。

5.主卧室：将主卧室的衣柜藏于墙面中，以一字型门将空间化零为整，再以黄色主墙、壁贴点缀，双弧型天花板及柔和的间接照明，营造卧室的放松氛围。

6.儿童房：儿童房以活动家具为主，可随着小朋友年龄的增长进行相应地调整。墙面以温馨的黄色及壁贴妆点出属于小朋友的童趣。

舍子美学设计　设计师 詹秉荣

多角居家　旧房翻新大改造

不规则的居家格局，多出的斜角却能发挥更大的弹性使用，设计师的细心和巧思赋予空间完整的规划，并善用多种材质混搭出时尚有型的居家环境。

位置：松仁路
面积：109m²
风格：人文自然
格局：玄关、客厅、餐厅、厨房、书房、主卧室、衣帽间、储藏室、卫浴×2
材质：风化木、铁件、喷漆、玻璃、超耐磨木地板

房主期待

　　多角型的旧房翻新案例，设计师充分运用每个斜角创造最大化的使用功能，如厨房多出的斜角可放置冰箱并作为收纳柜，外凸窗的角落空间将地面架高，虽不作柜子但可开放房主的使用功能，有更多的弹性及想象空间。

设计重点与特色

◎ 餐厅风化木刷白的柜子上半部以茶玻为材质展现缕空特质，保持空间通透感。
◎ 餐厅与厨房及书房相邻，白色压克力好清理的材质搭构起电器柜，凸起面当成把手，现代利落型兼具实用功能。
◎ 主卧电视墙利用白色沟缝墙面隐藏进入更衣室及主卫空间的门，下掀门可置放DVD Player，壁面整体看起来干净整洁。
◎ 将原本过小的客卫及主卫空间加大，使用起来更方便、舒适，更衣室与主卫相通。

Koles Furnishing

Furniture Decoration

1.&2.客厅：外凸窗的角落空间将地面架高，虽不作作柜子但可开放房主的使用功能，有更多的弹性及想象空间。

3.室内廊道：天花板造型幻化成深邃艺廊，一步一景。

4.餐厅：与厨房及书房相邻，白色压克力好清理的材质搭构起电器柜，凸起面当成把手，现代利落造型兼具实用功能。

5.厨房：充分运用每个斜角创造最大化的使用功能，厨房多出的斜角可放置冰箱并作为收纳柜。

1.主卧：窗边半腰柜增添收纳功能，床头避梁也可提供完整的展示及收纳空间。
2.主卧电视墙：白色沟缝墙面隐藏进入更衣室及主卫空间的门，下掀门可放置DVD Player，壁面整体看起来干净整洁。
3.主卧更衣室及主卫：加大的更衣室与主卫相通。
4.沙发一隅：挑选L型沙发，适当分隔了架高的休憩区域。
5.&6.次卧：置顶拉高的门让空间感变得更好，异材质交错展现层次美感。
7.书房：可提供两人同时使用，收纳功能十足。

采舍空间设计 设计师 杨诗韵 卓宏洋

图腾勾勒 舞动线条的低调连接

在本案中，考虑到室内面积有限，与房主沟通后以空间感为第一优先，设计为新古典低调奢华风格。

位置：竹北
面积：122m²
风格：新古典低调奢华
格局：玄关、客厅、餐厅、厨房、书房、主卧室、
　　　儿童房×2、卫浴
材质：灰镜、白烤、镂空造型板、波斯灰大理石

格局调整与屋况简介

　　在空间的配置上，房主希望能减轻空间封闭感，因此玄关地带采用"非墙"的概念打造，镂空屏风的穿透不仅加大了玄关区域，与餐厅的半重叠同时也串联了区域关系。

设计重点与特色

◎ 迎合着房主对于空间风格的期待，设计师在天花板面以图腾花，立面处以镂空板妆点，呈现非线板勾勒的过度辉煌。

◎ 玄关与客厅过渡中，立面处茶镜、图腾花样配以局部黑镜，层层堆栈而出的立体感，加上餐厅空间的镜面投射，增添入门视线的丰富度。

◎ 以波斯灰大理石为材质的电视主墙，在低台度中延伸到窗边畸零，上下吊柜与镂空门的结合，使其拥有主机柜的功能。

◎ 餐厅菱形墙面两侧对称呼应，一侧为通往私人领域的动线；拉门设计不仅可遮掩底端厕所门，还可避免夏日冷气散逸。

1.电视主墙：以波斯灰大理石为材质的半墙，在低台度中延伸到窗边畸零，上下吊柜与镂空门结合，打造主机柜功能。

2.端景镜面：茶镜、图腾花样配以局部黑镜，层层堆栈而出的立体感，加上餐厅空间投射，增添入门视线的丰富度。

3.设计风格：考虑到有限的室内面积，与房主沟通后以空间感为第一优先，而本案则为新古典低调奢华风格的代表作。

1.书房：以茶镜为主体，中段则选择轻盈的壁纸，在华丽中平衡了空间沉重感。

2.餐厅：端景柜的呈现，意象式划分了餐厅、厨房与阳台动线。

3.主卧色调：烤漆玻璃的清亮光泽混搭上绷布的暖度，看似是冷色调，设计师却悄悄地以温润木质使其得以平衡。

4.主卧床尾：立体图腾花样在床尾处展现，线条分割隐藏了卫浴动线的存在。

5.女孩房：粉色调诠释了小女孩的浪漫情怀。

6.男孩房：设计师在梁下凹槽处加以上掀式设计，保留了开窗，更多了大型棉被收纳区。

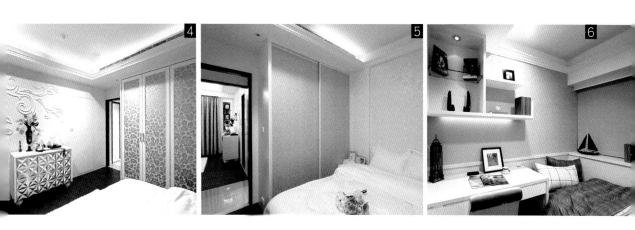

以极简线条绘制质感人生

黑与白的低调语汇中，金岱设计选用具有反射效果的灰镜与烤玻搭配深沉的木皮染色融合出光影的层次线条，优雅中只见黑白简约的美好。

原始屋况

位居台北市高级地段的本案已有20多年的房龄，不仅管线基底老旧不堪，空间动线更不符合现在生活所需。封闭式的格局没有足够的采光面，因此屋内总是黝黑阴暗。

房主期待

房主为中老年夫妇，但还是需要预留小孩返家探视的卧室空间，整体希望能以现代极简的线条营造低调沉稳的质感空间。在功能上则希望能将佛桌融入空间设计中，并增加更衣室功能。

设计重点与特色

位居台北市的精华地段，自然也希望室内空间质感能与地段等级有所呼应，设计师将原来的局部格局拆除，重新调整管线隔断，为现代敞居奠定完整基底。打开客厅区域的全面采光，从雕花门将光线引入书房（原来的卧室），再将厨房改为开放式餐厨空间，全面打开公共空间的封闭格局，让流动的光线串连每一个独立区域。

位置：台北市·敦化南路
面积：165m^2
风格：现代极简
格局：玄关、客厅、餐厅、厨房、书房、主卧室、儿童房×2、卫浴×2.5
材质：冰晶白玉、木皮染色、进口磁砖、烤玻、灰镜、进口壁纸

1.客厅：设计师选用具有反射效果的灰镜与烤玻搭配深沉的木皮染色融合出光影的层次线条。

2.从雕花门将光线引入书房（原来的卧室），让光线流动于每一个独立区域。

3.餐厨区：拆除隔断墙，改为开放式餐厨空间。

4.层次线条：没有多余的缀饰，让层次线条讲述自己的空间故事。

Ｉ

1.主卧室：简单的卧床摆设，回归卧室最纯粹的卧眠需求。
2.更衣室：依照房主需求，增设更衣室功能。
3.书房：不以制式的样貌铺排书房，而是选一张舒适的沙发让生活更加随性惬意。

84

房主感谢信

　　感谢陈美贵设计师的专业品味和用心设计，感谢Mars的耐心规划和细节安排，感谢王主任的细腻执行和尽心照顾，太多的感谢了，无法用言语完全表达，最后当然更要感谢自己的超级好眼光，从无数次的观看"幸福空间"中千挑万选出"金岱设计团队"完成我们梦想的家！

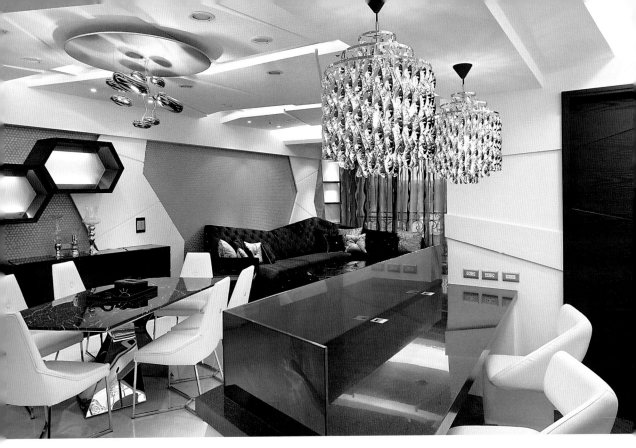

青田苑室内设计　设计师 江文苑

窥探超现实奇幻小宇宙

随着时序牵引飞出大气层，到达无重力的外层空间，所有物品都飘浮了起来，看得到却摸不着的云朵仍在飞翔，心境却存在于半梦半醒之间，现实与梦境的抽离，让人分不清虚实，仿佛掉入超现实的奇幻小宇宙。

设计重点与特色

　　身边尽是深邃的黑及纯洁的白，童年的折纸游戏不经意的作品造就天花板独特创新的面貌，不喜欢循规蹈矩的收纳柜体形象，改为钻石切割、多角蜂巢的几何图形，找寻穿越时空的相遇点，不同的起始及转换决定着命运的铺排，虚幻和想象间、存在与不存在之间，没有答案也无需答案……

　　青田苑室内设计江文苑设计师利用不规则方形组合及反射效果，营造时尚静谧氛围；云朵灯饰的阴影变换，对应多角蜂巢的几何图形光晕，定制一气呵成的矩形沙发，成就完整的客厅区域；电视墙茂密树枝意象，用不同材质颜料展现立体层次的白。

　　半开放式的工作区运用人造石黑色台面铺陈，兼具吧台用途，钻石切割柜与全室自在奔放的斜条纹相呼应，黑白灰三色构筑丰富的空间表情。设计师选用印度黑大理石在原来地面上垫高，除引领空间动线外也使私人领域木地板齐平完整。主卧室床头以绽放的古典图腾进行妆点，延续个性黑及钻石切割元素，既华丽又典雅。

　　设计师利用设计将钻石切割、折纸艺术及树枝交错等元素加以融合，伴随光影变幻交织成一处超现实的奇幻小宇宙。

位置：台北市内湖区
面积：116m²
风格：都市时尚
格局：3室2厅2卫
材质：黑镜、明镜、不锈钢、夹砂胶合玻璃、
　　　仿鳄鱼皮革、印度黑大理石

1.半开放式工作区：钻石切割柜体呼应折纸
般天花板造型及树枝交错的电视主墙，斜条
纹交织成超现实的奇幻小宇宙。

2.玄关：利用不规则方形组合及反射效果，
营造时尚静谧氛围。

3.餐厅：云朵灯饰的阴影变换，对应多角蜂
巢的几何图形光晕，黑白灰三色构筑丰富空
间表情。

4.室内廊道：利用印度黑大理石垫高，让进入
私人领域木地板齐平，也成为引领空间动线的
暗喻。

5.主卧室：床头以绽放的古典图腾进行妆
点，延续个性黑及钻石切割元素，既华丽又
典雅。

6.化妆区＆床边一隅：精致威尼斯镜搭配小
巧梳妆台，一旁的柜子支持收纳功能。

7.男孩房：运用男孩喜欢的黑色展现酷劲十
足的个性化空间。

柏魁空间设计 设计师 Maggie 王

混搭铁件线板的渡假美宅

铁件与线板看似冲突的风格元素，却是房主夫妻二人坚持的设计元素，设计师撷取风格精华融入空间设计中，混搭出全新的度假生活。

位置： 台北大直
面积： 145m²
风格： 混搭风格
格局： 客厅、餐厅、厨房、书房、主卧室、女孩房、佣人房、卫浴×2
材质： 柚木、洞石、玫瑰米黄大理石、镀钛金属、茶镜、木地板

原始屋况

本屋在预售阶段，房主已依照使用需求做过简单的设计，开放的格局给接手的设计师极佳的设计基础。

房主期待

喜欢铁件冷冽刚硬线条感的男主人，与喜爱线板新古典浪漫的女主人，期待设计师能融入各自喜爱的设计风格折中出合适的生活居所样貌。另外，还希望拉大公共空间格局，并拥有大主卧及更衣室。

设计重点与特色

设计师选用天然的柚木与洞石打下混搭风格的基础，再让日光绿影构筑开阔敞朗的公共空间，简约的设计线条营造出无压的舒适氛围。男主人喜爱的铁件线条塑造客厅展示柜的利落质感，在木作框架与茶镜衬托下暖化刚冷，依旧是自然渡假的温馨表情。

进入私人领域，设计师将新古典线板元素放入柜体墙面设计中，搭配木地板的质朴元素营造自然浪漫的空间表情。以中性素材融入房主的风格需求，精准的比例拿捏，调配出自然休闲的生活品味，在简约线条中见质感人生的写实美好。

1.玄关：借助地面材质的转换，循着日光引导转场进入客厅空间。

2.铁件展示柜：男主人喜爱的铁件线条塑造客厅展示柜的利落质感，在木作框架与茶镜衬托下暖化刚冷，依旧是自然渡假的温馨表情。

3.餐厨区：原是开放式设计，设计师再选用玫瑰米黄大理石，以华丽表情划分两个区域的独立性。

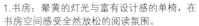

1.书房：晕黄的灯光与富有设计感的单椅，在书房空间感受全然放松的阅读氛围。
2.线板设计：设计师将新古典线板元素融入柜体墙面设计中。
3.主卧室：古典山形背床头板，让新古典氛围满盈。
4.女孩房：粉红色妆点出女孩房的可爱与浪漫。
5.更衣室：依照女主人的需求，设计师规划出具有梳妆台、配件收纳及衣柜功能的更衣室。

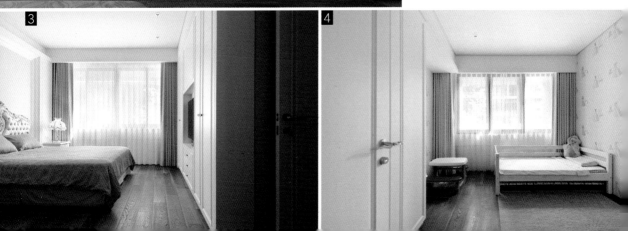

洛凡空间创意室内装修 设计师 陈智远 李秀丽

调整比例 平衡生活美学

空间比例的拿捏取舍，影响居住者的视觉感受，也影响身心平衡，洛凡设计协调出空间设计的中心点，微调设计比例，平衡出均适的居住表情。

位置：新北市·汐止区
面积：116m²
风格：现代简约
格局：玄关、客厅、餐厅、厨房、主卧室、儿童房×2、卫浴×2
材质：栓木、橡木、秋香木、石头漆、壁漆、壁纸

房主期待

讲究风水的格局，更注重居家空间的比例感，房主希望能在116m²的居家空间中调整出舒适的居家格局，再以不矫饰的接口与柔和的色调让生活简单、自然。

设计特色与重点

在不动大格局的前提下，白色缕空雕花板屏风遮掩第一时间直接进入室内空间的视野，木作格栅短屏意象划分出玄关与客厅区域的关系，交错式的屏风设计错落出空间层次线条，且兼具风水的考虑。玄关鞋柜上方的天花板线条向内延伸连接客厅天花板，拉长的墙面线条巧妙地塑造平衡的立面比例，设计师也在对向的电视墙处增设造型墙，且在右方墙面及天花板处以烤漆玻璃塑造出立面的平衡及透射感，设计师以"中心点"为概念，以材质平衡出立面的层次趣味。

除调整空间的设计比例外，通透的视觉延伸结合隐藏手法也是洛凡设计强调的设计重点。有别于传统吊隐式冷气的设计，微倾45°角设计化解大梁的压迫感，造型天花板在间照的投射下增加视觉的延伸感。引光隐藏的手法同样出现在卧室的天花板大梁处，巧妙地将大楼广播喇叭藏在衣柜上方的梁下空间中。

1.隐藏卫浴：延伸备餐柜茶镜线条的客卫门，巧妙隐藏在墙面设计中。

2.视觉延伸：造型天花板在间接光源的照射下增加视觉的延伸感。

3.餐厅：为了达到空间规划的整体性，设计师将餐厅右方的柱体融合进备餐柜的设计中。

1.主卧室：设计师利用两扇窗户间的畸零区设计上下皆有收纳功能的梳妆台。
2.次卧室：引光隐藏的手法同样出现在卧室的天花板大梁处，巧妙地将大楼广播喇叭藏在衣柜上方的梁下空间中。
3.畸零处收纳：洛凡设计让每一个精心计算的比例成为居住空间最美的室内设计。

自然和风营造退休美好人生

退休，是人生的一个转折点，可以是开始，亦可以是结束，本案房主选择以自然禅风起始另一段写意的自在人生。

位置： 新北市·淡水区
面积： 139m²
风格： 自然休闲风
格局： 玄关、客厅、餐厅、厨房、和室、主卧室、女孩房、卫浴×2
材质： 梧桐风化木、天然手工凿石材、印度黑亮面大理石、柚木地板

房主期待

　　将届退休之龄的将军与校长，购下面对淡水河的景观新宅作为未来退休渡假居所，经过朋友的口碑推荐，委请玳尔设计朱志峰设计师规划自然休闲养生渡假宅。

设计重点与特色

　　为了塑造统一的空间感，玳尔设计将开发商原附赠的门全改为格栅设计，在客厅处以天然手工凿石材电视墙面展现粗犷自然况味，并严选风格木作家具营造完整空间氛围。而以化梧桐木塑造沙发背景墙纹理自然的整齐立面，后方则是收藏房主大量藏书的收纳空间。

　　面对淡水河美景的和室是全屋的设计重点，架高两个阶梯构筑空间的层次感，突破平台的设计手法，让视野更有延伸度。临河L型采光窗上的木作格栅除了增添和室氛围，更能阻挡小孩打开外侧的活动窗，兼具安全性考虑，当日光穿越格栅棉帛在室内洒落层次光影，坐卧家中即能感受自在禅风。

　　玳尔设计将相同的地板架高手法用在私人休憩空间，以三种不同的木作材质变化空间丰富度，不加装床组的设计让空间有更多的使用弹性，也利用地板下的空间增加收纳量。

1.电视墙：以天然手工凿石材电视墙面展现粗犷自然况味。
2.弧形天花板：弧形线条化解大梁的存在感，更挑高室内空间。
3.材质混搭：以不同的木作材质变化空间丰富度。
4.和室：L型采光窗上的木作格栅除了增添和室氛围，更能阻挡小孩打开外侧的活动窗，兼具安全性考虑。
5.延伸设计：将相同的架高手法用在私人休憩空间。
6.地板下收纳：设计师利用地板下的空间增加了收纳量。

能量美学璀璨设计风采

突破传统风水范畴，通过无形的能量引导，借助科学与风水的相互印证，将艺术内涵带入建筑空间中。

屋况简介

多次作为商业空间使用的案场，因前几任房主在预算精简下并未拆除旧的地面直接进行装潢，因此累积下约20cm的高地落差，不仅和两侧店家高度不同，也造成了空间感的压迫。

房主背景及期待

经营珠宝、画作及服饰设计的房主，希望来客入店选购时犹如一种回到家的轻松感，因此期待接待主大厅可以呈现居家客厅般的温馨，而非商业空间的冰冷。

解决房主问题的方法

本案设计难度在于细节的定做表现，其中以珠宝展示柜最为耗时费心，为了让珠宝展示柜展现不同层次的细腻，定做时需依照设计师提供的尺寸规划，镶入后配以灯箱及嵌灯照明，且上半部为了具体照耀珠宝的璀璨，除了施以玻璃罩做出保护功能，并在Π字型的铝框内埋以LED灯，丰富了看似单一的柜体变化。

另一施做的重点在于主要柜台的设计，木作栅栏般拼接起的柜台立面，除了大理石台面配合修正弧形柜台尺度，连灯管都细心修饰其曲线。

设计重点与特色

通过不同元素的结合，以修梁而调整出的弧形，在空间内营造淡雅欧风气息，店中的天花板水晶灯及嵌灯的排列图形与数量，更融入Ω的能量图腾元素，搭配黄色特调色彩，将能量、风水、艺术、设计多元元素，完善地融合于室内设计空间中，这也就是风运起能量室内设计最大的特色：突破传统风水，将能量、风水融入现代室内设计美学中，打造房主一生中独一无二的典藏之宝。

位置：台北市忠孝东路
面积：132m²
风格：简约欧风
格局：展示区、接待区、小型厨房、浴室、卧室
材质：木皮、大理石、复古砖、喷漆、刷漆

1

1.店面外观：局部性的石材拼贴，打造看似民宿般的轻松外观设计。
2.服饰区：保留原来的开门位置，落地玻璃的穿透吸引来客入内购买欲望。
3.4.地面规划：因前几任房主在预算精简下并未拆除旧的地面直接进行装潢，因此累积下约20厘米的高地落差。
5.珠宝展示区：为了让珠宝展示柜展现不同层次的细腻，定做时需依照设计师提供的尺寸规划，镶入后配以灯箱及嵌灯照明。

2

3

1.柜台设计：木作栅栏般拼接起的柜台立面，除了大理石台面配合修正出弧形尺度，连灯管都细心修饰曲线。

2.珠宝展示柜：上半部为了具体照耀珠宝的璀璨，除了施以玻璃罩做出保护功能，∏字型的铝框内埋以LED灯，丰富了看似单一的柜子。

3.餐厅：备有厨房功能的休憩区，刻有图腾的桌面与乱纹板背景墙相呼应，单一色调中强化空间丰富度。

4.天花板照明：Ω的商业图腾配以水晶灯及嵌灯，天花板象征起始意向。

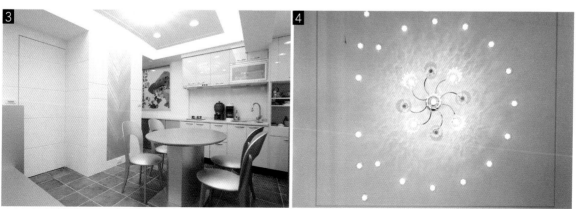

赏屋逐步实现对家的向往

原禾室内设计将销售中心营造一种像家一般的温馨氛围，搭配精美样品房3室2厅的安排，对家的美好感知与向往油然而生。

原始屋况

位于建案大楼林立的重划区，户外绿化视觉的氛围营造，看起来格外清朗，外观以具有防水性的氧化镁板为主要材质，设计师装饰横向格栅的简洁线条，维持日光、空气的穿透流通。

设计重点与特色

复式样品房有4.2m与3m的挑高差异，设计师以现代融合古典的手法，寄予典雅气质。玄关以明镜放大视觉感受，进入公共空间，地面运用仿石材质感的抛光石英砖，给人以大气延伸的效果。客厅天花板的华美层次，配以柔和光源，样品房简洁大方的空间基调，亦不失古典风情。沿着墙面，细致的古典腰腰板温柔包覆公共空间，增添白色背景的变化性。

移步进入私人卧眠空间，偌大的主卧室拥有丰富的生活功能，规划有睡眠区、起居室、更衣室、卫浴，使卧房主人能有一个非常完整的个人空间。而在卫浴中，设计师运用大量的黑色木皮搭配黑镜，对比明亮的主卧室卫浴，客用浴室则表现出稳重内敛的设计品味。

位置： 新北市
面积： 165m²
风格： 现代简约
格局： 玄关、客厅、餐厅、厨房、主卧室、起居室、更衣室、卧室×2、卫浴×2
材质： 氧化镁板、石头漆、仿石材抛光石英砖、西班牙磁砖、金贝莎大理石、白橡木染黑、线板、黑镜、茶色玻璃、黑金锋大理石

1&2.玄关：乱纹拼贴的西班牙磁砖，连接弧形壁板的白净律动，流畅地引导通往室内空间的动线。

3.客厅：客厅天花板的华美层次，配以柔和光源，样品房简洁大方的空间基调，亦不失古典风情。

4.大气延伸：玄关以明镜放大视觉感受，进入公共空间，地面运用仿石材质感的抛光石英砖，给人以大气延伸的效果。

5.餐厅：沿着墙面，细致的古典腰板温柔包覆公共空间，增添白色背景的变化性，更赋予典雅气质。

1

2

3

4

1.主卧室：偌大的主卧室拥有丰富的生活功能，规划有睡眠区、起居室、更衣室、卫浴，使卧房主人能有一个非常完整的个人空间。

2.主卫：大气的磁砖搭配黑金锋石材，质感非凡；配备四方型的大浴缸，让居住者能在忙碌的生活中有一个泡澡减压的空间。

3&4.线板腰带：挑高4.2m的卧室，精算比例在墙面饰以线板腰带，稳定视觉高度，增添睡眠质量的安定感。

境美室内装修有限公司 设计师 黄宝通 黄淑微

挑高旧房重现宽敞新格局

房价高涨的时代，人们必须缩衣节食才能存得买房首期款，而这间不符合现况需求的旧房，房主则是利用原来计划买房的首期款进行翻修，不但每月少了偿还房贷的压力，通过境美设计师黄宝通、黄淑微的重新规划，竣工后一家人都有了入住新家的好心情。

房主期待

将原本打算购买新房子的首期款，改为翻新旧房的预算，五口之家的需求，除了要增加浴缸，也希望能减少封闭的隔断，让83m²的空间看来能有更宽敞的视觉效果。

设计重点与特色

◎ 夹层房型的楼梯因重新隔断而移动位置，并善于利用楼梯下面的空间，作为入口的鞋柜。

◎ 厨房改为开放式设计，并以吧台取代餐桌，下方明镜不但延伸了视觉深度，背后更藏有餐厅的置物功能。

◎ 楼板厚度以LED灯美化，抢眼的白色光影穿过客厅空间，增添时尚感。

◎ 由于房主不希望有太多封闭隔断，设计师除了修改格局，栏杆更结合铁件与玻璃材质，让利落线条成为最佳的装饰主题，并兼顾视线的穿透性。

◎ 女孩房保留原本的对外窗，落地镜则成为女孩的穿衣镜。

◎ 视野极佳的男孩房，贴心加装卷帘，照顾到家中成员的隐私。

地点：新庄
面积：83m²
风格：现代简约
格局：客厅、厨房、吧台、主卧室、
　　　男孩房、女孩房、卫浴

1.吧台：以吧台取代餐桌，特别在下方贴了明镜，延伸视觉深度。
2.男孩房：衣橱门利用明镜增加变化，也是着衣时的整装镜。
3.女孩房：女儿房保留原本的对外窗，落地镜则成为女孩的穿衣镜。
4.主卧室：主卧室在面积的限制下，仍配有完整的功能规划。

境庭国际设计 设计师 周靖雅

呼吸山林气息 乐当现代陶渊明

延续户外庭园造景的闲情逸趣，境庭国际设计结合自然与奢华元素，将独特的休闲风情及惬意氛围引导入室，让大家庭共同享受现代陶渊明的悠闲生活。

房主期待

室内的材质、颜色搭配是表现闲适氛围的重点，使用原始木头加工造型，除了作为基本空间架构的地板、天花板，也以各种形式出现在装饰元素上；选择形似树木纹理的夏木树石为客厅主墙，更是直接与自然意象作连接。其中玄关、公共领域各别保留大面开窗，以体现敞朗与开阔感，一路将庭院充满绿意的景致完整延揽，呈现出内外一致的适意氛围。

设计重点与特色

◎ 玄关搭配青玉石及整块原木当座椅，以艺术线框装饰窗面并延揽庭院景致，进门仍能感受到户外的写意气氛。

◎ 客厅光线、景观条件极佳的临窗区域，设计师稍微架高木地板划分出休闲区域。

◎ 经常在家中用餐的大家庭，设计师挑选稀有的珍品台湾桧木，整块原木作为八人使用的超大餐桌，并在与墙面紧贴的多功能柜下方留空，可弹性调整为十人用餐空间。

◎ 卫浴以大自然汤屋为主题，使用南方松、台湾桧木、大理石作为主要材质，打造像是到了山林中泡汤的减压效果。

122

位置：林口
面积：364m²
风格：自然休闲
格局：B1–起居室、工作室、储藏室/1F–庭院、玄关、客厅、餐厅、书房/2F–主卧室、女孩房/3F–男孩房、神明厅
材质：夏木树石、咖啡绒大理石、青玉石、茶镜、金箔、皮革、台湾桧木、壁布、复合木地板、夹砂玻璃、南方松

1.玄关：玄关搭配青玉石及整块原木当座椅，以艺术线框装饰窗面并延揽庭院景致，进门仍能感受到户外的写意气氛。

2.休闲区：客厅光线、景观条件极佳的临窗区域，设计师稍微架高木地板划分出休闲区域，让家人可以在最靠近阳光庭园的位置品茗聊天。

3&4.客厅：原有的地面落差，经过阶梯便直接通往餐厅及厨房，一旁石材基座延续使用电视墙的夏木树石，更具整体感。

124

1.餐厅：稀有的珍品台湾桧木，将整块原木作为八人使用的超大餐桌，并在与墙面贴齐的多功能柜下方留空，只要将餐桌向外移出，便可提供十人用餐。

2.卫浴：卫浴以大自然汤屋为主题，使用了南方松、台湾桧木、大理石作为主要材质，打造类似在山林中泡汤的减压效果。

3&4.主卧室：房间主人要求必须隐藏电视，设计师贴心使用电动门，让房主能轻松控制。

5.男孩房：沉稳色调的男孩房，系列衣柜门饰以BlingBling的马赛克，表现出年轻人喜爱的夜店时尚感。

图腾定制明亮大气

让私人领域保留小朋友的可爱、清爽，公共领域则有着凝聚家人的圆满，是设计师陈子用设计打造的居家氛围。

房主期待

　　喜爱绿色的房主，希望能将绿色调铺陈在居家空间中，另外，也希望能在居家设计中带入家庭成员的特色，以"人"作为设计主体，塑造华丽的生活敞居。

设计重点与特色

　　玄关区域以"人"延伸而出的图腾，是语承设计献予房主的独一无二，一家四口的生肖以男主人的公鸡为造型，层层包围女主人的小猪、小朋友的兔子与牛，让到访者轻松对房主有了初步认识。

　　细节中，考虑到房主喜爱的绿色，设计师选以镜面框住浮雕壁饰板，低调粗糙横向延续至客厅圣罗兰黑金大理石的电视主墙面，辅以回字型密底板沙发背景墙，奢华有了趣味性平衡，与俏皮的公鸡相呼应，设计师在水晶灯周围添入鸟巢状金属铁件，冲突调和空间特色。

　　为让空间穿透明朗，设计师打开原格局中的厨房位置及侧边阳台，借助纱帘隐约分割出女主人独处的宁静时刻，视线落入前方乱纹板腰带点缀，顺势纳入储藏室与视听空间；而整体空间的配置上，男孩房与视听间的对调使用，入门处拉门与开门的结合运用，则创造出充足的书籍收纳空间。

位置： 新北市·中和区
面积： 165m²
风格： 低调奢华
格局： 玄关、客厅、餐厅、厨房、主卧室、儿童房×2、视听间、卫浴
材质： 青玉石、黑云石、圣罗兰黑金大理石、明镜、烤漆玻璃、茶镜、海岛型木地板、彩绘、乱纹板、绷布、铁件、铝框

1&2.餐厅：以对称式设计虚化单调的墙面，开启了男孩房的门位置。

3.玄关：玄关区域以"人"延伸而出的图腾，是语承设计献予房主的独一无二的设计，一家四口的生肖以男主人的公鸡为造型，层层包围女主人的小猪、小朋友的兔子与牛，让到访者轻松对房主有了初步认识。

4.吧台区：视线转折茶镜对向性定位出动线规划，同时列出翡翠晶钻大理石所打造的吧台及钢琴练习区。

5.吧台与琴区：斜纹刻画在第一面向中隐藏起柱子，而作以喷砂设计的第二面向，营造出低调奢华的灯盒效果。

2

4

5

1.主卧室：设计师选以棕色乱纹板为悬吊柜门，大地色调让主卧室呈现自然纯朴氛围。
2.视听室：男孩房与视听间的对调使用，入门处拉门与开门的结合运用，则创造出充足的书籍收纳空间。
3.女孩房：防污、耐脏及抗尘功能床垫的选用，个性造型带出小主人的自在天地。
4.男孩房：天花板间接照明光带，低调反射度虚化大梁的存在。

苚筑设计有限公司 设计师 朱皇苚

优雅气质 古典惬意

随心所欲发挥创意并纳入房主的生活形态需求，累积及激发出的设计创意，苚筑设计让居宅与生活有了迸进的品味故事。

房主背景及期待

单身女主人为了让母亲的生活得到最佳照顾，在居家基本空间配置中，希望能有一处弹性使用的佣人房，书房与睡眠功能的转换运用是苚筑设计朱皇苚给予房主的贴心设计。

格局调整

原格局中过小的长辈房，设计师将部分书房空间划入并将门位移，调整出最舒适的生活区域。

设计重点与特色

◎ 新古典主基调铺陈的空间风格，加入镜面元素与漆色调配，公共领域选以浅灰色与白色线板、柜体，私人领域则是用壁纸点缀，让空间有了段落性的变化。

◎ 客厅电视主墙面延续而出的柱体滞碍，设计师利用厚度落差安排对称性收纳高柜，使视觉与行进动线变得流畅。

◎ 迎合着房主对于画作欣赏的喜好，墙面留白与挂画轨道预留都是施工时的精心安排。

5

1.5.定制家具：局部手工定制家具的选用，巧妙增添空间质感。

2.空间色彩：公共领域选以浅灰色与白色线板、柜体，私人领域则是以壁纸点缀，让空间有了段落性的变化。

3.立面修饰：客厅电视主墙面延续而出的柱体滞碍，设计师利用厚度落差安排对称性收纳高柜，让视觉与行进动线变得流畅。

4.空间一角：空间适度的留白，简单摆设即可增添人文气息。

1.4.餐厅：利用空间柱子旁的畸零空间，安排设置冰箱与酒柜物品。

2.书房一角：单身女主人为了让母亲的生活得到最佳照顾，在居家基本空间配置中，希望能有一处弹性使用的佣人房。

3.书房：书房与睡眠的功能转换运用，上下柜体可轻松收纳睡眠寝具，是设计师给予房主的贴心设计。

1.主卧天花板：即使是天花板，设计师也细心地压以线板，滚边表现新古典表情。
2.3.主卧室：双色画框的大气明确安稳了床头位置，也点缀出淡淡的华美气息。
4.长辈房：蓝绿色为主的长辈房，软件与壁色交相呼应。
5.长辈房柜体：梁下空间的收纳，通过情境光源安排，缓和了视觉压迫。

彩妆师的美化设计

如果说建筑师是空间安全的把关者，那室内设计师就是美化空间的彩妆师，本案即是建筑团队与室内设计团队共同合作，对空间规划最完美的诠释。

房主期待

本案有着粗大的结构梁体，希望借助詹亚珊设计师的设计功力，将70cm的柱子融入居家设计中，并幻化大梁造成的压迫感，打造大气典雅的豪宅新格局。

位置：新北市·新庄
面积：251m²
风格：混搭风格
格局：3室2厅
材质：银狐大理石、意大利皮革、进口高
　　　级编织毯、明镜、茶镜、定制家具

设计重点与特色

比例分配刚好的梁柱位置，给了康迪设计规划空间架构的良好基础，设计师保留公共空间的开放通透，仅利用梁体的线条划分区域的独立功能，赋予其存在的实际价值，并利用造型天花板及间接照明的搭配放大区域视觉感受。而无法隐藏的立面大柱则融入功能空间的整体设计中，设计师将客厅电视墙的银狐大理石包覆到两侧的柱体，营造深浅的立面层次，并利用柱体的深度规划书房的开放书柜。

构筑了挑空区域的基底，设计师仔细衡量设计线条的比例，配以顶级材质及定制家具烘托出精致大气的生活空间。另外，还考究风水，将客卫浴隐藏于壁面设计中，拉齐后的空间线条没有庞杂的生活风景，只见简约奢华的豪宅格局。

1.客厅: 希望借助詹亚珊设计师的设计功力, 打造大气典雅的豪宅新格局。
2.空间划分: 设计师保留公共空间的开放通透, 仅利用梁体的线条划分区域的独立功能, 赋予其存在的实际价值。
3.书房: 设计师还利用柱体的深度规划书房的开放书柜, 巧妙营造敞阔空间。
4.餐厅: 端景墙的大幅裱框油画, 缓解大面积的空洞感, 且增添艺术气息。

1.主卧室：化妆台上贝壳梳妆镜，是设计师手工打造的家具。
2.敞亮采光：主卧室拥有方正的格局及充裕的明亮采光。
3.儿童房：及腰高度的床头板设计与色调搭配，平衡出舒服的卧房比例。
4.长辈房：床脚处设计深色木作展示柜，展现长辈房的沉稳气质。

馥宇室内装修有限公司 设计师 黄采珣

唯美浪漫 轻柔法式风情

高雅的白色调，配以紫色浪漫风情，在大面积的宽敞空间，馥宇设计的手法却更细腻精致，除了多处使用玻璃以及隐约闪耀的透亮材质，立面也延续古典风格的装饰符号，让女主人从一致的唯美氛围中，看见向往的法式优雅气质。

位置：桃园
面积：231m^2
风格：新古典
格局：玄关、客厅、餐厅、书房、主卧室、男孩房×2、女孩房

房主期待

　　"期望是气质的烤漆白色，以及高贵华丽的水晶灯。"女主人言语中描绘出淡雅、轻柔的法式风情，同时设计师也必须使用清透玻璃，以及带有现代光泽的不锈钢材质，画龙点睛搭配出精致美感。

设计重点与特色

　　◎ 施华洛世奇水钻点缀于过道、柜子把手等细节，在法式高雅氛围中闪耀细致光芒，衬托出女主人期待的华丽感。
　　◎ 将书房水泥墙拆除改为玻璃隔断，轻盈穿透的视觉效果，搭以贝壳板、不锈钢框，更见其精致质感。
　　◎ 大儿子房间与厨房门皆为自动门，除了门外观完美融入墙面风格，在厨房的自动门设计，也能让女主人出餐时更加便利与安全。
　　◎ 现代感的不锈钢使用于框架线条，与法式古典的柔美气氛不冲突，设计师以精细手法，勾勒出材质的多样变化。

5

1.餐厅：厨房的自动门设计，让女主人出餐时更加便利与安全。

2.玄关：入口处即搭配房主喜爱的水晶灯，塑造玄关的迎宾气氛。

3.电视墙：现代感的不锈钢，与法式古典的柔美气氛不冲突，勾勒出材质的多样变化。

4.书房：宽敞舒适的书房，设计长型书桌，让一家五口可以同时使用。

5.主卧室：延续公共空间高雅的法式色彩，新古典的家具线条，更添浪漫情调。

6.小儿子房：白色基调搭配年轻人喜爱的绿色，注入圆弧线条更带出男孩开朗有活力的个性。

7.女儿房：墙面立体雕刻，带有女性喜爱的柔软线条与色彩，是专属于女儿的主题设计。

6

7